V

L'ARTILLERIE DE COMBAT

ET

L'ARTILLERIE DE PARADE

PAR

UN ANCIEN ÉLÈVE DE L'ÉCOLE POLYTECHNIQUE

> A cet égard, je crois que nous ne sommes pas en arrière des autres nations, et que ce serait peut-être vouloir trop exiger que de demander la réforme de tout ce qui est inutile ou dangereux à la guerre, mais qui rendrait nos parades moins brillantes et diminuerait le plaisir des princes qui s'en font des hochets avec lesquels on leur persuade qu'ils acquièrent les connaissances de la guerre ; cependant il y a des choses si dangereuses qu'il n'est pas possible de les tolérer.
>
> GOUVION SAINT-CYR, *Pensées sur la guerre*, 1820

PARIS

GAUTHIER-VILLARS, IMPRIMEUR-LIBRAIRE

DE L'ÉCOLE IMPÉRIALE POLYTECHNIQUE

55, QUAI DES GRANDS-AUGUSTINS, 55

1867

L'ARTILLERIE DE COMBAT

ET

L'ARTILLERIE DE PARADE

C.

Paris.—Imprimé chez Jules Bonaventure, 55, quai des Grands-Augustins.

L'ARTILLERIE DE COMBAT

ET

L'ARTILLERIE DE PARADE

PAR

UN ANCIEN ÉLÈVE DE L'ÉCOLE POLYTECHNIQUE

A cet égard, je crois que nous ne sommes pas en arrière des autres nations, et que ce serait peut-être vouloir trop exiger que de demander la réforme de tout ce qui est inutile ou dangereux à la guerre, mais qui rendrait nos parades moins brillantes et diminuerait le plaisir des princes qui s'en font des hochets avec lesquels on leur persuade qu'ils acquièrent les connaissances de la guerre ; cependant il y a des choses si dangereuses qu'il n'est pas possible de les tolerer.

GOUVION SAINT-CYR, *Pensées sur la guerre*, 1820.

PARIS
GAUTHIER-VILLARS, IMPRIMEUR-LIBRAIRE
DE L'ÉCOLE IMPÉRIALE POLYTECHNIQUE
55, QUAI DES GRANDS-AUGUSTINS, 55

1867

L'ARTILLERIE DE COMBAT

ET

L'ARTILLERIE DE PARADE

I

Il y a environ neuf ans que M. le général Renard, aide de camp du feu roi des Belges, publiait à Paris une remarquable étude sur la tactique des différentes infanteries de l'Europe. Ce livre-là est plein de notions positives, d'idées générales, de citations heureuses, d'aperçus très-neufs et d'excellents jugements. J'ajoute que les récents événements d'une guerre retentissante lui ont rendu comme une saveur d'à-propos fort appréciable, et il aurait, je n'en doute pas, le plus légitime succès parmi les officiers français, si ceux-ci lisaient[1]. Nous lisons peu, à la vérité, et ce n'est pas par notre faute : les livres sont chers et tiennent de la place. Mais si nous ne lisons guère, nous frondons volontiers par tempérament un peu toutes choses, et nos ordonnances, nos règlements, avec une prédilection spéciale. Nous blâmons avec ensemble ce que nous voyons faire, sans nous préoccuper assez de ce qu'il faudrait faire, sans nous préoccuper du tout de ce qu'on fait ailleurs. A quoi bon? tels que nous voilà n'avons-nous pas triomphé partout? On signalait une fois devant quelque homme

[1] La présente note, terminée depuis huit mois, venait d'être mise sous presse, quand parut une brochure dont l'effet fut immense dans l'armée et hors d'elle. Cette brochure suffirait pour populariser un ouvrage moins accompli que celui du général Renard, maintes fois cité par l'auteur.

de guerre, comme un avertissement et un péril, la supériorité des Prussiens sur nous au point de vue de l'instruction : « Soit ! répondit le héros; mais tant que nos pe-« tits ignorants battront leurs grands savants.....» L'armée prussienne alors n'était pas encore à la mode : mais on a plus d'un motif de craindre que le même esprit ne règne toujours parmi nous. Tout est mal, et tout est pour le mieux ; nous avons tout à changer, et nous n'avons rien à envier ! Heureuse inconséquence, qui, flattant à la fois et nos penchants taquins et notre sensible amour-propre, nous crée, sans remords, de doux et perpétuels loisirs !

Oui, cette suprématie traditionnelle de nos armes est un joli rêve, et ce sommeil de la quiétude a du charme ; mais il faut prendre garde qu'il pourrait finir tragiquement. En attendant le réveil, voici le cauchemar : c'est l'exposé des efforts persévérants et heureux de nos voisins, de nos rivaux, de nos .... ! mais je ne veux pas prévoir les batailles de si loin.

L'auteur débute par un tableau rapide et saisissant des principales étapes de l'art militaire, depuis son origine jusqu'à ses plus récents progrès, et il démontre qu'à chacune de ces grandes vicissitudes se rattache une transformation d'un caractère purement tactique, dont l'influence a été décisive. Puis il prend corps à corps notre ordonnance, lui reproche de s'inspirer de principes et de souvenirs surannés, de méconnaître les grands exemples de la période républicaine et impériale. Ce règlement, qu'il soit de 1791 ou de 1831 (ne pourrait-on ajouter : de 1862 ?), date du camp de Potsdam. Il enseigne la parade et spécule dans le vide des hypothèses irréalisables à la guerre ; il n'enseigne pas les seuls mouvements praticables devant l'ennemi : il manque son but suprême, il n'apprend rien sur la manière de disposer les troupes pour les engager, sur l'action de guerre par excellence, sur le combat enfin! Il est découronné; et son fidèle disciple, s'en trouvât-il un seul, serait aussi embarrassé que s'il quittait sa charrue de la veille, en abordant l'ennemi : à moins qu'il n'y marchât processionnellement et aligné, sentant le coude du côté du guide, sur deux lignes bien parallèles et trois kilomètres de front : « il arrivera alors ce qui est arrivé cent fois, le massacre des bataillons ...... »[1] Ce règlement a été violé pendant vingt ans sur tous les champs de bataille, par les armées de la république et de l'empire, par les plus illustres chefs de l'école moderne, par le génie national enfin, qui lui est antipathique; et il l'est encore tous les jours, à chaque occasion, devant nous, nécessairement, fatalement. Mais le lendemain de la victoire, les troupes retombent, dans leurs garnisons, sous le joug de cette loi dédaignée! Où tendent donc les efforts des grands praticiens de l'art moderne? L'auteur nous le dit: à briser ces formations raides, compassées, sans souplesse et sans force réelle, qui garrottent les soldats et les chefs, paralysent les bras et l'intelligence du combattant, quels que soient son grade et son rôle, et le livrent inerte aux entreprises d'un ennemi plus libre dans ses allures. Des nuées de tirailleurs répandus sur le front d'une ligne de bataillons ployés en masse et à intervalles de déploiement, reliant ensemble ces colonnes indépendantes, soutenues par elles et les couvrant, tel serait désormais le type de la formation de combat, solide, flexible, articulé, mobile et maniable, apte à toutes les luttes, propre à tous les terrains, parant à toutes les éventualités : voilà la base de l'ordonnance à faire, le point de départ et le but

[1] L'*Armée selon la charte*, Général Morand.

de toutes les manœuvres, le pivot de leurs combinaisons. Il faut donc en étudier à fond le mécanisme : relier ensemble les mouvements des tirailleurs et ceux des colonnes ; déterminer les relations mutuelles des uns et des autres avant, pendant et après le combat, avec ordre, avec netteté, mais se bien garder d'une précision puérile qui entrave l'élan des soldats et l'initiative des commandants ; simplifier les évolutions seulement indiquées à grands traits ; *réduire les commandements*; laisser à chaque chef de bataillon le soin d'accourir, en cherchant son chemin sur la ligne de bataille, et d'y trouver sa place ; tel est, si je l'ai bien saisi, l'esprit de la réforme que le général Renard appelle de tous ses vœux en termes vifs et persuasifs, et qu'il considère comme accomplie déjà dans la pratique de la guerre : car il ne s'agit plus à ses yeux que de déchirer un texte vieilli pour y substituer des lois et des principes tout formulés, les uns et les autres basés sur des faits acquis désormais à l'histoire. « Il faut réduire l'ordonnance à quelques pages, » écrivait, dès 1826, M. le général Morand cité par l'auteur : ce qui signifie qu'il faut se borner au petit nombre de mouvements et de formations applicables à la guerre, et s'abstenir de parades qui faussent les idées des jeunes officiers, ou plutôt les laissent sans idées ; car si la plupart ignorent comment on se bat, ils devinent parfaitement tous comment on ne se bat pas, et leur considération pour les exercices auxquels on les soumet journellement n'en est que plus réservée.

Les tendances de l'auteur sont donc très-accentuées ; on peut traduire ainsi la pensée qui l'inspira : l'instruction militaire reposant nécessairement sur des fictions, elle sera d'autant plus fructueuse que la fiction serrera de plus près la réalité. Cette idée séduit d'abord par sa simplicité même; elle suggère aussitôt quelques remarques. La première, c'est que la véritable et définitive instruction des troupes ne commence qu'au moment où nous avons coutume de l'arrêter : il est évident en effet que le champ de manœuvre, avec son horizon plat et borné, ne se prête pas à des exercices variés qui supposent des rassemblements de troupes assez considérables en terrain accidenté : ces exercices trouvent tout naturellement leur place dans les travaux d'un camp, et ne la trouvent que là; or l'instruction des camps est chez nous l'exception. Notons aussi cette prédominance du rôle des tirailleurs, qui est un fait considérable et déjà consommé : c'est en eux que se concentre presque exclusivement aujourd'hui l'action de la mousqueterie : leur concours sera dorénavant si actif et si développé, qu'il faut l'envisager comme le régulateur de toute formation tactique de combat. Ils acquièrent une grande force, soutenus par des colonnes qui leur offrent, pour se rallier, un solide appui : elles-mêmes, promptes à se déployer, présentent tour à tour des groupes serrés et résistants qui se prêtent un mutuel secours, ou bien un sûr abri derrière leur impénétrable rideau. Cette combinaison a permis de généraliser sans péril l'usage des combattants isolés, dont toutes les aptitudes, naturelles ou acquises, sont utilisées. Ce progrès tactique est donc en harmonie avec le progrès social qui tend sans cesse à élever la valeur individuelle du soldat; il est aussi en heureux accord avec les améliorations apportées à l'armement, puisque l'homme isolé, bien instruit, est le mieux à même de profiter d'un engin perfectionné, de tirer juste et à propos. La tactique réservant aux combattants-tirailleurs le principal rôle est précisément celle que réclamait l'introduction des armes de précision dans nos armées.

On peut objecter sans doute que la réforme souhaitée n'est pas, chez nous, très-urgente, puisque les principes préconisés à présent ont surgi de l'étude même de nos victoires de 1796 à 1815. N'est-ce pas encore à la supériorité individuelle du soldat français, à son initiative et à son entrain, qu'on fait honneur de nos plus récents succès? Fionsnous donc, dira-t-on, à son instinct qui retrouve tout seul les traditions de la grande époque et sait briser à propos ses entraves. Cela est vrai jusqu'à un certain point : officiers et soldats prennent, pour combattre, les licences nécessaires qu'on ne pense pas à leur donner; mais comme on ne leur apprend pas à en user, ils en abusent; ils courent à la victoire dans un beau désordre, qui n'est pas, bien entendu, un effet de l'art. Mais la contre-épreuve de la victoire, y songe-t-on? Oui, beaucoup y songent, ceux-là surtout qui ont vu de près nos derniers triomphes, et ce n'est pas sans frissonner. Faut-il donc opter fatalement entre deux parties extrêmes : tuer cette fougue, ou l'abandonner à ses déréglements? Tel n'a pas été l'avis des Prussiens, qu'il vaudrait mieux sans doute ne pas calquer d'engouement à tout prix, mais qu'on pourrait imiter parfois avec fruit, en les imitant avec réflexion. Leur règlement actuel est une application judicieuse des principes énoncés plus haut. Nos armées improvisèrent la tactique moderne sur les champs de bataille ; nos généraux, prodigues de leur art, éparpillaient partout les exemples et les inspirations fécondes : c'est l'ennemi, paraît-il, qui a ramassé la semence et fait la récolte, car il est bien décidé, le règlement à la main, que nous sommes aujourd'hui les derniers tacticiens de l'Europe : c'est là du moins, sans ambage, l'arrêt mortifiant que l'habile écrivain belge laisse tomber sur nous.

II

M. le général Renard traite de la tactique de l'infanterie, mais on ne doit pas se dissimuler que ses critiques portent au-delà des limites de son cadre, car les tendances qu'elles flagellent sont plus ou moins répandues partout : dans l'artillerie, qui ne se bat pas encore en grande masse, bien qu'elle y aspire ; dans la cavalerie, qui ne se bat presque plus. A celle-ci, envisagée comme arme de bataille rangée, les occasions font défaut depuis cinquante ans; et l'on sait que l'instruction des camps est impuissante à la former pour le combat. La guerre seule, assure-t-on, développe l'intelligence de son rôle chez les hommes assez bien doués pour le saisir, et tout porte à penser qu'ils sont rares. Il importe seulement que la tradition ne se perde pas dans ses rangs : or elle croit en elle, elle a la foi : c'est l'essentiel ; il ne faut pas demander à son ordonnance ce que celle-ci ne saurait donner. Mais la cavalerie est une arme d'à-propos ; elle doit arriver toujours avec l'occasion, être présente partout à la fois, suivre les phases de la lutte, modifier sans cesse, au gré des événements, ses positions et ses dispositions. Aventureuse par essence, elle peut être à chaque instant enveloppée ; elle ne sait pas toujours, après la charge et le ralliement, de quel côté se présentera l'ennemi, ni par où se faire jour ; elle ne peut parer à tout que si les ressources de son ordonnance sont infiniment variées; ses exigences sont telles que son règlement ne saurait rien exagérer en ce sens : avec une telle mobilité, commandée par les circonstances, l'ordre et la précision sont des nécessités impérieuses. L'ordonnance de la cavalerie paraît répondre à ces besoins par des mouvements rationnels, serrés, rapides et bien réglés, dont l'application rigoureusement exacte, et, si l'on veut, minutieuse même, est nécessaire, afin qu'il en reste encore quelque chose dans le désarroi continuel de ses échauffourées. Donc, réserve faite de l'affaire du combat sur lequel elle n'apprend et ne peut apprendre évidemment rien, on doit reconnaître que l'ordonnance de cavalerie ne fait pas de concessions excessives au goût régnant de la parade.

Mais on demeure confondu quand on compare l'ordonnance des troupes à pied ou à cheval, avec celle de l'artillerie. Il semble que celle-ci soit le résultat d'un défi, et je n'hésite pas à déclarer que la nôtre l'emporte par le nombre et la variété des mouvements. Sur la tête, sur la queue, sur le centre, à droite, à gauche, en avant et en arrière, en bataille ou en batterie, l'artillerie se forme comme par enchantement et par plusieurs procédés à la fois: tous ces aspects, se succédant avec la vivacité, l'imprévu, le brio le plus étourdissant, donnent presque le vertige, et témoignent d'une abondance de ressources et d'aptitudes digne, on peut l'avouer, d'un meilleur emploi. On voit des officiers capables s'animer à la tâche, soulever les difficultés les plus subtiles, discuter les points délicats, les trancher par *principes* et démonstrations, avec autant d'ardeur que s'ils accomplissaient quelque chose de sérieux : car ce qui domine évidemment, dans un règlement si compliqué, c'est la préoccupation d'obtenir une uniformité absolue qui est d'un bel effet aux manœuvres d'apparat; et l'on est ainsi entraîné à tout prévoir, à tout prévenir, jusqu'à des détails d'une insignifiance extrême pour lesquels il faut pourtant inventer des *principes!* Ce règlement, remanié en 1864, date à la vérité de 1836 : les excellentes retouches qu'il a subies depuis l'accommodèrent aux récents perfectionnements du matériel; mais les principes posés comme bases, il y a trente ans, n'ont pas varié. Bien que ces modifications judicieuses aient principalement trait à des détails, plusieurs ont une portée véritable qu'on ne saurait méconnaître. Toutefois leur caractère saillant est une timidité respectueuse qui hésite visiblement en face des traditions reçues et des habitudes invétérées. Tenu à tant d'égards pour l'ancien règlement, le règlement nouveau n'a pu éviter des contradictions choquantes qui le déparent ; je n'en veux citer qu'une : il a supprimé le *feu en arrière*, un singulier mouvement qui permettait de tirer tout à coup sur les siens, sans se déranger. Tel quel pourtant, il était commode sur un champ de manœuvre exigu, il en doublait l'étendue, redonnait carrière au manœuvrier fourvoyé : pourquoi l'avoir abandonné ? Serait-ce qu'on a trouvé, après trente ans de réflexion, qu'il manquait d'à-propos ? Mais alors, pourquoi n'en avoir pas sacrifié d'autres qui méritaient le même traitement ? C'était trop ou trop peu : ce que je veux dire enfin, c'est que si rien n'obligeait à entrer dans cette voie, il ne fallait point s'arrêter après le premier pas, parce qu'on laissait ainsi la porte ouverte aux curiosités les plus indiscrètes.

L'artillerie manœuvre plus que la cavalerie même : elle méconnaît par là son objet et ses devoirs. En revanche, elle est à la merci du premier colonel de hulans assez hardi pour la charger à fond : prise à l'improviste, sans formation régulière, sans expédient quelconque, elle ne résistera pas cinq minutes[1].

Je n'ignore pas comment on accueille d'ordinaire de telles objections : — à quoi bon tout prévoir ? Ne faut-il pas laisser quelque chose à l'*inspiration* du moment ? —

[1] Voir : *Simple note sur les propriétés défensives de l'artillerie de campagne*. Paris, 1866.

Ce qui signifie que chacun compte modestement sur ses talents et son coup d'œil exercé pour improviser séance tenante, en pleine bagarre, une belle défense à hauteur du péril. Mais je sais aussi comment on crève, en les soufflant, ces paroles vides comme des bulles de savon : « Quand on « essaye de poser un principe sur la guerre, aussitôt un « grand nombre d'officiers, croyant résoudre la question, « s'écrient : Tout dépend des circonstances : comme vient « le vent, il faut mettre la voile ! Mais si d'avance vous ne « savez pas quelle voile convient pour tel ou tel vent, com- « ment mettrez-vous la voile au vent [1] ? »

Sans disputer davantage sur des points accessoires, j'aborde enfin par ses grands côtés le sujet qui m'occupe.

S'il est un principe universellement admis aujourd'hui par tous les officiers qui ont fait la guerre, c'est celui-ci : *l'artillerie ne manœuvre pas sous le feu, elle tire.* Elle prend à l'avance ses dispositions de combat, et *marche à l'ennemi dans l'ordre déployé* qui précède et prépare l'action ; les déploiements *en batterie* des colonnes serrées ou par sections ne sont que des combinaisons factices imaginées afin d'exercer les troupes, d'élégantes arabesques tracées lestement, pour le plaisir des yeux, sur la pelouse des polygones. C'était aussi depuis longtemps l'avis d'un grand nombre d'artilleurs, et l'ancien aide-mémoire recommandait déjà de marcher autant que possible déployé avant d'entrer en ligne. Mais après les campagnes d'Orient et d'Italie, la vérité, entrevue dans les livres, devint si patente et si vulgaire, que le nouveau règlement, malgré sa fidélité attentive aux traditions locales, ne put pas se dispenser de la reconnaître explicitement, et lui fit une con-

[1] Instruction pratique du maréchal Bugeaud.

cession décisive : il prévit et détermina les mouvements nécessaires pour ouvrir les intervalles, faire divers arrangements préliminaires de combat, et décida formellement que l'ordre déployé était le seul possible pour marcher à l'ennemi. Le paragraphe de la page 29 (*Bases de l'instruction*), et l'appendice à l'école de batterie, se sont glissés si modestement dans ce petit volume, qu'ils y passent presque inaperçus : ils semblent interpréter et compléter certains détails du règlement ; en réalité ils le suppriment ; toute la théorie sérieuse des batteries attelées est contenue dans ces quelques pages ; toutes les formations en batterie, moins une, sont désormais et *officiellement* classées dans la catégorie des parades. En y réfléchissant, les jeunes officiers ne s'y seraient pas trompés ; mais on leur aurait évité le soin de s'en apercevoir, et la tentation toujours nuisible de suspecter l'excellence de leurs exercices, en sacrifiant sans arrière-pensée ces attaques postiches.

L'ordonnance a fait un aveu précieux, il ne faut pas qu'il soit stérile : essayons d'en tirer d'utiles conséquences.

Quand il s'agit de *combattre*, chacune des trois armes, ne relevant que d'elle-même, adopte les usages et les dispositions les plus conformes au jeu de son mécanisme et au génie de son rôle, sauf à composer d'ailleurs avec les circonstances, les particularités du terrain, etc. Mais, hors ce cas, avant comme après l'action, pour se masser ou se mouvoir, toutes les armes sont soumises à une commune et rigoureuse obligation : celle de réduire aux plus étroites limites, par une concentration absolue, le terrain qu'elles occupent ou qu'elles sillonnent. Jamais cette loi constante ne fut aussi nécessaire qu'aujourd'hui, l'accumulation des forces sur le théâtre de la guerre dépassant toutes les prévisions de l'expérience. A ce prix le commandement de si grandes multitudes conservera peut-être quelque apparence d'unité. L'infanterie et la cavalerie se conforment scrupuleusement à la loi commune. Par quelle bizarre inconséquence la plus volumineuse et la plus encombrante des armes se croit-elle dispensée de s'y soumettre? Son élément a 2 mètres de front, il en prend de 10 à 13 *dans toutes les formations!* Et puis évertuons-nous encore à l'alléger et à le réduire! Il est à peine croyable que des chefs d'armées aient si longtemps toléré cette licence, et l'on s'explique jusqu'à un certain point l'effroi des généraux vis-à-vis d'une arme dont la moindre unité couvre perpétuellement un demi-hectare. Avec de tels errements, il n'est plus de champ de bataille assez vaste pour prendre carrière, il faut renoncer à être une arme tactique opérant par grandes masses. L'artillerie conserve, dans toutes ses formations, les intervalles qui ne lui sont nécessaires que pour une seule; pour celle-ci, à la vérité, ils ne sont plus suffisants, puisqu'on les double alors, de telle sorte qu'ils ne conviennent ni à la station, ni à la marche, ni au combat; et nous n'en avons pas d'autre dans les yeux! Mais ces prodigieux espaces permettent des formations immédiates et aisées; ils facilitent sur le terrain d'exercice différents mouvements de voitures commodes et très-appréciés des manœuvriers de profession, qui cultivent comme un art tous ces tours de force. Nous y tenons! on nous les laisse, mais on nous délaisse, et nous évoluons dans la prairie, tandis que l'infanterie se bat.

Cette situation est le fruit amer, mais assez naturel, de l'isolement perpétuel des armes les unes vis-à-vis des autres: on règne seul sur son champ de manœuvre, on s'y développe à l'aise, on y prend ses ébats, sans contrôle comme sans partage: dévie-t-on des principes généraux, glisse-t-on dans la parade, on n'est pas averti, et l'on est insensiblement conduit à perdre de vue le but final de toute instruction, qui est la combinaison des armes, à méconnaître enfin la condition essentielle du concours mutuel qu'elles se doivent, condition qu'on peut formuler ainsi : *Se gêner soi-même juste autant qu'il est nécessaire pour ne pas se gêner réciproquement beaucoup plus qu'il ne serait supportable.*

C'est là le nœud de toutes les associations. Eh bien, l'artillerie ne se gêne pas, elle s'étale : elle est très-vaine de sa mobilité; mais que vaut cette mobilité obtenue à des conditions irréalisables en guerre? D'ailleurs c'est une illusion de croire qu'on peut être mobile si l'on est encombrant; multipliez les marches et les contre-marches, enguirlandez la plaine de vos colonnes sans fin, vous ne serez jamais mobile si vous ne savez vous *masser*, et vous mouvoir *massé*. Être mobile, c'est savoir changer de place : comment en changer si l'on occupe tout à la fois? on ne se déplace plus alors, on s'agite; on est la plus *remuante* des armes, on n'est pas la plus mobile.

Remontons à la source d'une tendance si contraire aux progrès de l'arme, et qui contribue peut-être puissamment à détourner d'elle les sympathies des officiers généraux. Elle pratique habituellement les mouvements de flanc par voiture et subordonne ses intervalles à la longueur de ses éléments qui sont plus longs que larges ; mais c'est également le cas du cavalier monté, et la cavalerie, qui manœuvre à files serrées, fait usage des mouvements de flanc; la marche de flanc terminée, les cavaliers des deux rangs conversent à la fois individuellement et serrent sur le guide en avançant. L'artillerie est exercée à serrer les intervalles en marchant ; rien ne s'oppose à ce qu'elle imite ces mouvements ; rien, si ce n'est le préjugé. La cavalerie jouit encore de la colonne avec distance, et l'artillerie, de son côté, emploie la colonne par section, obtenues l'une et l'autre par le même procédé de rupture. Mais l'analogie se borne là. Dans la première, la cavalerie *règle les distances sur l'étendue du front de la fraction*, qui dépasse notablement sa profondeur ; et en agissant ainsi, elle procède très-rationnellement : elle conserve en rompant des fractions encore consistantes, et, toujours exposée à être attaquée pendant son mouvement, elle subordonne sa formation de marche à sa formation de combat qui doit s'effectuer immédiatement, par tous les pelotons à la fois, sans dislocation ni perte de temps.

Mais la colonne par section n'est pas une colonne avec distance [1], c'est une simple colonne *par deux;* et quand le règlement de 1836 détermine *le front de la section d'après sa profondeur* [2], afin de tomber immédiatement sur les intervalles de batteries par trois conversions simultanées, il va directement à l'encontre du principe de la colonne par pelotons ; il subordonne sa formation de combat qui est principale, à la formation de marche qui n'est que préparatoire, c'est-à-dire qu'il fait la chose du monde la plus inconséquente, à moins que ce ne soit la plus vaine et la plus capricieuse, comme j'incline à le croire, puisque ces prétendues formations de combat ne sont elles-mêmes que de pures inventions, sans relation directe avec aucune réalité, ne reposant sur rien et ne répondant à rien, en dehors de l'imagination qui les enfante.

Veut-on dire que les intervalles serrés ne se prêtant pas à la mise immédiate en batterie, il serait désavanta-

[1] Règlement de 1864, Base de l'instruction, art. 2, § 1.

[2] Telle est si bien la pensée dominante du règlement que ses intervalles augmentent comme la profondeur, avec les servants à cheval.

geux que l'artillerie ne sût pas combattre comme elle se forme en bataille ? Je pourrais citer encore la cavalerie qui se forme à files serrées et combat souvent à files ouvertes : c'est la charge en fourrageurs ; de l'autre, je ne parle pas ; elle est passée à l'état de légende. Est-elle ou n'est-elle pas un mythe ? nul ne le sait ; la question est encore controversée. Je pourrais citer aussi l'infanterie, qui concentre actuellement dans les tirailleurs la vertu de ses feux. Toutes ces troupes admettent, devant l'ennemi, une formation préliminaire à files serrées qui n'est pas encore l'ordre définitif de combat, mais qui le précède immédiatement. Seule l'ordonnance d'artillerie persiste à passer toujours sans intermédiaire de l'ordre d'inaction à l'ordre de combat ! Mais pour réfuter une prétention si vaine, il suffit d'opposer le règlement de 1864 au règlement de 1836. Les intervalles *réels* de combat oscillent entre les limites les plus élastiques : ils sont doublés, triplés, réduits au gré des circonstances, en un mot *ils n'existent pas comme données de manœuvre*, et le couronnement de l'école de batterie, c'est le mouvement qui nous apprend à les ouvrir *arbitrairement* en approchant de l'ennemi. Hâtons-nous donc de les serrer le plus possible quand il est loin ! Sans doute on doit les fixer pour les manœuvres, alors que les circonstances ne les déterminent pas suffisamment ; mais il reste acquis que rien ne les arrête nécessairement d'avance, et qu'il n'est aucun motif plausible de les déduire de la longueur des voitures. Qu'on les fixe donc, mais que le règlement se garde de le faire lui-même, afin d'éviter toute équivoque ; qu'il laisse ce soin au commandant de la manœuvre, celui-ci les réglera d'après la physionomie du terrain, son étendue, la place dont il disposera parmi d'autres troupes, s'il est attaché à un corps d'armée, etc. ; ils varieront avec ces circonstances, et cette disposition très-simple sera tout à la fois instructive, commode, conforme à la réalité: instructive, car elle tiendra les cadres attentifs, car elle les défendra beaucoup plus sûrement qu'un appendice qu'ils ne méditent pas tous les jours, contre l'engourdissement de la routine, l'envahissement des idées fausses et les séductions d'une puérile symétrie; commode, car les troupes qui paradent et manœuvrent ensemble ne se partagent pas toujours équitablement le terrain; conforme à la réalité enfin, autant qu'on peut l'exiger du moins d'un simulacre, puisque le caractère essentiel d'une bonne formation de combat, à la guerre, est de se plier au terrain et de se prêter aux événements. Mais pour toutes les formations autres que la mise en batterie, les intervalles seront réduits jusqu'à la limite du possible, à 3ᵐ ou 2ᵐ,50, si l'expérience justifie cette hardiesse [1]: on réalisera par là le triple avantage 1° de concentrer sous la main des officiers des éléments volumineux et bruyants, difficiles à dominer dans le tumulte d'une évolution rapide; 2° d'exercer habituellement les troupes à des mouvements en éventail qui constituent, au feu, le mécanisme essentiel de toutes les mises en batteries; 3° enfin de restituer à la circulation des espaces gratuitement gaspillés et de dissimuler plus facilement la présence de masses d'artillerie [2].

Je crois avoir démontré qu'en arrêtant les bases du règlement de 1836 sur les manœuvres de batteries attelées,

[1] Ce chiffre est minimum, car le peloton de servants à cheval a au moins 4 mètres de front; il faut d'ailleurs que le doublement d'une voiture arrêtée par accident soit toujours possible.

[2] Cette considération est toute-puissante sur l'esprit des généraux allemands. Le roi de Prusse et le maréchal Blücher y revenaient constamment dans les remarquables instructions qu'ils dictèrent à leurs lieutenants pour la campagne de 1813.

on s'est laissé séduire par une vaine apparence de simplicité géométrique et l'attrait frivole d'une certaine harmonie artistement ménagée parmi des mouvements nombreux, variés, tracés au compas, qui se relient comme les mailles d'une chaîne sans fin, et se déroulent avec une élégance aisée; mais on n'a pas assez tenu compte des réelles exigences ni du rôle de l'arme pendant l'action, avant ou après l'action. Ici encore l'influence d'une longue paix est trop visible : on ne manœuvre plus seulement pour apprendre à combattre, le plaisir des yeux réclame aussi sa part, et naturellement il empiète, comme tous les abus. En fait de manœuvres comme à propos de la tenue, ne doit-on pas prendre garde que tout ne se réduise insensiblement et de plus en plus à un effet d'optique ?

L'expérience et l'habileté que les soldats acquièrent individuellement à ces instructions pratiques ne tranchent pas la question en faveur de l'ordonnance, car il resterait encore à prouver que cette multiplicité de manœuvres créées par la fantaisie les exerce mieux que des mouvements méthodiques utiles à la guerre, et cela même ne serait pas aisé. Après deux campagnes mémorables, on pouvait espérer que ces parodies ingénues d'un art infiniment trop sérieux pour se plier avec grâce à des enfantillages étaient jugées irrévocablement et partout. Il n'en était rien. Dans l'artillerie, ces vœux légitimes ne furent ni tout à fait déçus ni tout à fait exaucés par le compromis de 1864. En offrant aux officiers des instructions spéciales au cas de guerre, le règlement de 1864 donna l'exemple d'une initiative très-louable; mais il n'osa pas se départir assez de sa scrupuleuse déférence vis-à-vis certains errements : c'est pourquoi ses meilleures dispositions courent le risque de rester inféconde. Les corps continueront de cultiver avec amour l'art brillant de s'aligner et de volter de préférence aux manœuvres profitables, mais un peu ternes, de l'appendice : le goût naturel qui les entraîne vers le clinquant est si vivace que l'autorité de la raison pâlit à côté. C'est peu de distinguer et de signaler *au verso* les travaux utiles ; il ne suffit même plus aujourd'hui de les prescrire *au recto* : il faut surtout proscrire les autres, et préserver rigoureusement ceux-là des alliages douteux. Que les principes applicables au cas de guerre soient les seuls de l'ordonnance ; que l'énergique précision d'un règlement très-sobre décourage à jamais l'inventive imagination des manœuvriers, et l'on ne verra plus, appliqué contre lui, le stigmate d'un appendice qui inflige en dix pages un démenti formel à tout le reste.

Je résume donc ainsi les critiques dirigées contre le règlement de 1836 :

1° Il sacrifie sans retenue à la parade : la plupart de ses mouvements, de son aveu même, ne visent pas au-delà d'un effet de polygone, et les autres s'écartent capricieusement des pratiques de la guerre qu'ils devraient serrer de près, sinon fidèlement reproduire.

2° Il livre l'artillerie dépourvue de mobilité véritable, parce qu'il la laisse encombrante et mal préparée aux mouvements concentrés que la nécessité lui imposera toujours dans les grandes prises d'armes.

3° Enfin, il s'obstine sans motif plausible à relier *directement* sa formation de marche à ses formations de combat, alors que l'infanterie et la cavalerie même ne s'y attachent pas; il poursuit ainsi un but illusoire, et il ne l'atteint pas, car les formations de combat que finalement il préconise ne sont pas celles de ses manœuvres types.

Indiquons encore sommairement, pour clore ces observations, les bases d'un règlement conforme à nos vœux, moins dans le but de tracer un programme que de préciser davantage le sens et la portée des critiques développées ci-dessus.

III

Il est de principe, à la guerre, que l'artillerie *tire* ou *s'abrite* : ceci suppose deux formations fondamentales, *en batterie* et *massée*, qui constituent le double nœud de toutes ses évolutions. Mais il est aussi positif qu'un seul ordre lui convient pour marcher au feu. C'est *l'ordre déployé*. Donc entre ces deux formations s'en intercale naturellement une troisième, indispensable intermédiaire qui précède toujours la formation de combat et la relie à toute disposition possible imposée par les événements. Définissons chacune de ces formations déduites des exigences mêmes de la guerre.

L'artillerie se bat avec les allures indépendantes des tirailleurs : ses éléments *s'isolent et s'embusquent*. La manœuvre ne peut reproduire de telles circonstances ; elle ne comporte pas ces libertés; elle se borne à imiter la dispersion des voitures en forçant les intervalles et les distances. Il faut seulement s'abstenir de fixer irrévocablement les unes et les autres, afin de leur conserver dans la pensée de tous le caractère essentiel de l'élasticité. A défaut d'autre loi, les alignements sont nécessaires, bien qu'ils n'aient aucune valeur pratique. D'ailleurs, ils obligent les conducteurs à être attentifs et à dominer leurs attelages. Ils les exercent donc utilement; mais c'est à la condition qu'on se garde rigoureusement des rectifications *à bras* dont l'unique résultat est de dissimuler les fautes, non de les *corriger.*

L'ordre déployé ou *formation intermédiaire* sera une ligne de batteries en bataille, à files serrées, et à intervalles de déploiement. Les propriétés d'une telle ligne sont bien connues : elle s'avance libre dans sa marche ; elle n'embarrasse pas le terrain et ne s'embarrasse guère des obstacles qu'il oppose ; elle sait les contourner ; à travers les grandes trouées qui la morcellent, les renforts affluent sur la ligne de bataille, le trop-plein s'écoule avec les débris, et les *scories* mêmes s'échappent (il s'en trouve dans le plus pur airain), sans que la confusion naisse de l'accumulation de ces éléments divers si près du foyer.

L'artillerie s'abritera d'autant mieux et plus aisément que restreinte au terrain strictement nécessaire elle encombrera moins l'espace. *L'ordre en colonne serrée, à files serrées,* lui sera donc le plus favorable pour attendre l'heure d'agir ; elle sera pour nous la formation normale de l'arme au repos, celle à laquelle il faut revenir sans retard dès que le permettent les circonstances qui peuvent obliger accidentellement à s'en écarter ; elle sera par conséquent aussi la formation base de manœuvres.

Masser les troupes dans le but de dégager le terrain, c'est leur faire prendre des dispositions qui excluent les dimensions extrêmes. La plus encombrante des formations n'est pas toujours celle qui couvre le plus de surface, c'est plutôt celle dont le front et la profondeur ne sont pas dans de justes proportions relatives. Quatre batteries occuperont une superficie plus grande en colonne serrée qu'en colonne par section, à cause des intervalles entre sections, perdus dans le premier cas et gagnés dans le second. Pourtant, la plupart du temps, celle-ci sera plus encombrante que celle-là. A ce point de vue donc la batterie de huit pièces, que recommandent tant d'autres considérations et des plus sérieuses, offrirait encore un avantage appréciable : avec des intervalles moyens de $2^{m},50$ entre les éléments, son front n'excéderait pas 33^{m}; ce front est encore assez restreint, même pour marcher dans bien des cas, et il réduirait notablement la profondeur des fortes colonnes. D'ailleurs la batterie de huit pièces se prête à merveille au fractionnement ; elle permettrait de marcher sur quatre voitures de front, alors qu'on est souvent obligé de rompre par section en colonne profonde. Elle cadre donc très-juste avec les modifications recommandées ; elle y trouve naturellement sa place : ses ruptures et ses formations, ses dédoublements et ses doublements reflètent avec fidélité les mouvements faciles et symétriques du peloton à cheval, l'analogie des combinaisons est complète entre l'une et l'autre, non cette analogie imposée de parti pris qui heurte la nature des éléments et fausse le but de leur association, mais celle qui naît sans effort d'une commune condition. Plus on y songe et mieux on reste convaincu que la batterie de huit pièces est la base rationnelle de nos formations tactiques. Je n'ai jamais douté de son avenir, et je crois encore que les sympathies des officiers d'artillerie retourneront un jour à elle. Je dis qu'elles lui retourneront, et c'est à dessein que je m'exprime ainsi ; car elle ne serait pas nouvelle chez nous ; elle est d'origine ancienne et de souche glorieuse : ne date-t-elle pas de la grande réforme de 1765 ? Mais, pour lui restituer le prestige évanoui d'un patronage illustre, il ne serait peut-être pas nécessaire de remonter jusqu'à Gribeauval, qui fut son père, car elle eut aussi des parrains[1]. La faveur peut donc lui revenir un

[1] Cette thèse fut soutenue, il y a vingt-cinq ans environ, avec une vigueur

jour, s'il est vrai d'elle, comme de quelques autres bonnes choses, qu'un peu de réflexion en éloigne et beaucoup y ramène.

Une formation qui permet de masser, par exemple, 64 bouches à feu avec leurs caissons dans un rectangle de 70^{m} de côté sur 122[1], est assurément commode, si elle jouit en même temps d'une mobilité suffisante. Détaillons les conditions de cette mobilité :

1° *Marcher et changer de direction en marchant.* — Ces mouvements s'exécutent sans difficulté : la marche en bataille est plus régulière à files serrées qu'à files ouvertes; la colonne serrée tourne à gauche et à droite, ou revient sur elle-même par des conversions successives de batterie d'autant plus faciles, rapides et correctes, que le front est moins étendu. Enfin, le doublement de voitures est encore praticable. Toutes ces particularités sont très-connues.

2° *Changer de direction de pied ferme.*—Ce changement de direction à gauche ou à droite de pied ferme s'exécute sans difficulté, comme à files ouvertes, par des marches de flanc, avec quelques modifications nécessaires qui n'altèrent pas le dessein général du mouvement.

La contre-marche s'effectuera, comme celle du peloton à cheval, par une marche de flanc, deux changements de direction successifs et le mouvement de front. Toutes les fractions de la colonne serrée l'exécuteront simultanément, les fractions impaires par l'aile droite, les fractions paires

de logique peu commune, dans une courte, mais remarquable notice, dont je regrette beaucoup d'avoir perdu la trace ; car mes souvenirs, qui me rendent pourtant encore très-vive l'impression de cette lecture, ne me permettent plus, à mon grand désappointement, de citer le texte.

[1] Deux colonnes serrées parallèles à quatre mètres d'intervalles, chacune de quatre batteries de huit pièces.

par l'aile gauche, chaque batterie prolongeant assez sa marche de flanc vers la droite ou la gauche, pour que sa tête de colonne ne se heurte pas contre les dernières voitures encore immobiles de la batterie voisine dont elle va suivre la piste et prendre la place.

Dans ces marches de flanc, les voitures du deuxième rang serrent les intervalles à 2 mètres sur celles du premier, afin de faciliter l'exécution des deux changements de direction successifs. Mais pour tous les autres cas, comme ces mouvements essentiellement transitoires ont une durée prévue très-limitée, les deux rangs conserveront entre eux les intervalles mêmes qui résultent de la profondeur des voitures.

3° *Appuyer à droite ou à gauche.*—La colonne serrée peut gagner du terrain vers la droite ou vers la gauche, soit par des obliques par voiture, soit en exécutant des mouvements de flanc *par rang* de voitures, analogues aux *à-droite* et aux *à-gauche par quatre* de la cavalerie.

4° *Réduire le front de la colonne et reprendre le front primitif.*—Ces mouvements s'exécuteront d'après les principes admis aujourd'hui, chaque batterie appliquant à son tour et à propos les dédoublements ou les doublements en usage dans la cavalerie. Ils sont déjà familiers aux troupes de l'artillerie, mais celle-ci les complique en ouvrant les files et en assimilant le rôle de la section à celui du peloton dans l'escadron. Serrons les files, identifions l'élément voiture avec le cavalier, la section avec le rang de deux, la demi-batterie avec le rang de quatre, la batterie avec le peloton de huit files groupées sous la main de son chef, et nous supprimons un commandement inutile. Celui du capitaine s'adresse directement à toute sa troupe. Le lieutenant ne l'interprète plus en le transmettant; il se borne à surveiller l'exécution, à répéter l'ordre au besoin. Cela est possible avec des intervalles serrés; les éléments rapprochés de leurs chefs sont guidés par eux ; ils se touchent; ils s'entraînent et se dirigent mutuellement; se régler les uns sur les autres leur est facile alors. Ils se régleraient mieux encore, si l'on se décidait enfin à débarrasser l'ordonnance de tous les mouvements superflus qui l'encombrent et dont l'unique effet paraît être une grande confusion qui déroute les simples. Un jour qu'on marchait *quatre*, il fallut, pour passer, rompre par deux. Le soir venu, un manœuvrier de profession approfondit la matière. La rupture s'était faite par la droite, il l'imagina par la gauche. La nécessité seule avait provoqué la première, une émulation trop zélée fit la seconde. On en voulut une parce qu'on n'en avait pas; quoi de plus sage! puis on en voulut deux, parce qu'on en avait une; c'est fort différent. Tout motif invoqué pour justifier une telle profusion de ressources le fût après coup. Cette fiction n'est-elle pas l'image de bien des perfectionnements équivoques? L'habitude de travailler alternativement aux deux mains, excellente pour assouplir les chevaux en dressage, ne se comprend plus du tout hors du manége. Nous nous sommes affranchis des *inversions;* encore un effort, délivrons-nous des *symétriques*, et tout se simplifiera comme par enchantement. On dédoublera toujours par la droite, on doublera sur la droite; alors nulle hésitation possible : quatre commandements brefs, sonores, distincts, suffisent à tout. Marche-t-on par huit? *par quatre*, *par deux*, *par un*. — Marche-t-on par un? *doublez*, *doublez*, *doublez;* et la batterie est reformée. A cela peuvent se réduire, avec les conversions par batterie et les marches de flanc, les mouvements indispensables d'une batterie qui manœuvre isolée ou bien évolutionne. Un cri, un geste, une note sont aussitôt compris que perçus dès qu'ils ne comportent plus chacun quinze interprétations.

Allons au-devant de quelques objections probables.

La colonne sur 8 voitures de profondeur est très-longue? A peine plus que la colonne par section de 12 voitures à 6 chevaux, qu'on a pratiquée pendant vingt-cinq ans. D'ailleurs ce n'est pas une formation de manœuvre, elle n'est que transitoire, pour faire un déploiement ou franchir un défilé.

Les déploiements immédiats d'une colonne profonde sont parfois commodes dans les parades, dans les revues, où l'espace est resserré, la circulation difficile : comment procédera-t-on? — Comme on a toujours fait à l'occasion : amener les pièces en ligne une à une, et les aligner de même, c'est la seule manœuvre applicable dans ces encombrements.

Enfin si l'on tombe sur l'ennemi au débouché d'un chemin creux, faudra-t-il se former tout d'abord en colonne serrée sous son feu, avant d'agir? Ne regrettera-t-on pas un déploiement *ad hoc*? — On le regretterait gratuitement, car il serait sans usage : sous le feu, nous dit-on, l'artillerie n'évolutionne plus, elle se met en batterie comme elle peut, le plus vite qu'elle peut surtout, et elle *tire*. Voilà le principe qui domine toutes les convenances. Les mouvements qu'on exécute alors sont tous *successifs* : le commandant supérieur attend au débouché chaque pièce ou chaque section, et d'un geste, lui montre sa place : elle y court; l'exemple des autres, l'attitude de l'ennemi lui disent assez ce qu'il lui reste à faire. Avec la meilleure volonté du monde on ne peut découvrir là une manœuvre nouvelle, c'est de l'école de section toute pure. Il n'y a véritablement lieu de réglementer une manœuvre que lorsque plusieurs fractions concourent *simultanément* à dessiner un mouvement d'ensemble pendant lequel elles conservent entre elles des rapports réciproques nécessaires.

Le choix des trois formations essentielles étant justifié par leurs propriétés respectives, expliquons comment on passera simplement de l'une à l'autre.

La colonne serrée doit se déployer indifféremment face à droite ou face à gauche, face en avant ou face en arrière. De toutes les combinaisons qu'on a imaginées, huit seulement sont nécessaires pour l'objet qu'on se propose.

1° Déploiement face à droite.
2° *id.* *id.* à gauche.
3° *id.* face en avant, en gagnant du terrain à gauche.
4° *id.* *id.* *id.* en gagnant du terrain à droite.
5° *id.* face en arrière, en gagnant du terrain à gauche.
6° *id.* *id.* *id.* en gagnant du terrain à droite.
7° *id.* face en avant, en gagnant du terrain à droite et à gauche.
8° *id.* face en arrière, en gagnant du terrain à droite et à gauche.

A ces huit combinaisons correspondent huit manœuvres suffisantes pour tous les cas énumérés.

Première et deuxième manœuvre: — déploiement à gauche et à droite, par la queue de la colonne. Les mouvements *sur* la gauche et *sur* la droite font évidemment double emploi avec ceux-ci; ils n'ont plus de raison d'être dès que l'on ne tient pas compte des inversions.

Troisième. — Il s'exécute toujours sur la batterie tête de colonne.

Quatrième. — Il s'exécute toujours sur la queue de la colonne.

Cinquième et sixième. — C'est l'inverse.

Septième et huitième. — La batterie tête de colonne se dirige toujours vers la droite de la formation définitive.

Toutes ces manœuvres s'exécutent à files serrées et à intervalles de déploiement. Après la marche de flanc, les files de chaque batterie serrent sur le centre. Que la colonne serrée soit de pied ferme ou en marche, et quel que soit son allure à l'instant du déploiement, la batterie de formation prend immédiatement le pas ou le garde ; à moins qu'elle ne soit momentanément masquée, elle n'est pas arrêtée; les autres font leur mouvement au trot, puis se règlent sur elle. Le mouvement général terminé, la ligne entière s'avance au pas.

Pour les déploiements face en arrière la batterie de formation exécute une contre-marche par l'aile gauche.

Les batteries s'avançant dans la formation intermédiaire *ou déployée*, le passage à la formation de combat s'exécute en deux temps.

1° *En batterie :* Les voitures prennent vivement au trot, par un mouvement en éventail sur le centre de chaque batterie, les intervalles et les distances de combat indiqués par l'ordre ou les circonstances, et continuent de s'avancer.

2° *Halte :* Toutes les voitures s'arrêtent ; les pièces sont mises en batterie.

L'ordre en colonne et l'ordre de combat correspondent à des circonstances de guerre si opposées, tellement inconciliables, que le passage soudain et direct de l'une à l'autre nous apparaît comme la plus choquante des anomalies. Entre eux une transition est indispensable : le lien qui les unit, et dont l'élasticité prête plus ou moins selon que les incidents fortuits de la lutte éloignent ou rapprochent ces deux situations extrêmes, c'est *l'ordre déployé*. Le relier aux deux autres par des distances invariables, ce serait substituer la rigidité à la souplesse de ce mécanisme, et dénaturer une combinaison qui lui donne la flexibilité nécessaire à ses fins. C'est pourquoi l'on passe successivement de la colonne serrée à l'ordre intermédiaire, et de celui-ci à la formation définitive de combat, sans temps d'arrêt prescrits d'avance, et à la seule volonté du commandant de la manœuvre.

Le règlement dit quelque part que le tracé des lignes n'est pas obligatoire; il serait à souhaiter qu'il le devînt, et qu'on l'appliquât aux mises en batterie. Les diverses formations en colonne, en bataille et en batterie n'étant plus soudées entre elles par des distances déterminées une fois pour toutes, deux guidons aux ailes de la ligne donnent le procédé le plus simple pour fixer celle-ci, ou la modifier au gré du chef.

D'ailleurs on habituerait ainsi la troupe à lire dans des signaux lointains les volontés du commandement, on lui rendrait familiers les alignements d'ensemble, en écartant de la pensée de tous cette préoccupation unique et baroque, qui domine toutes nos manœuvres : aligner des museaux les uns sur les autres.

L'ordre déployé pourrait être exploité, si l'on y tenait beaucoup : arrêter, repartir, marcher de flanc sur deux files, en colonne avec distance, revenir en arrière ; il se prêterait à une foule d'allées et venues aussi superflues qu'illogiques, qu'on pourrait à la rigueur réglementer volumineusement. Il n'est jamais difficile de compliquer les manœuvres ; c'est le contraire qui n'est pas aisé : ici la vraie richesse est encore la sobriété. Or l'ordre déployé n'est pas une formation de manœuvre, c'est une formation de *passage :* on n'y reste pas, on la traverse ; on ne voit pas encore l'ennemi, mais il va paraître ; on n'est déjà plus en sûreté et l'on n'est pas encore engagé. C'est à cette situation, nécessairement fugitive, que l'ordre déployé répond ; et l'on conçoit qu'elle ne comporte pas d'évolutions savantes.

Le retour de la formation de combat aux deux autres s'opère successivement par les moyens inverses des premiers, sauf quelques particularités sur lesquelles je vais revenir à propos de la transmission et de l'exécution des commandements.

L'artillerie, devenue manœuvrière, a trouvé tout établi dans l'armée l'usage des commandements verbaux, et elle le conserve, bien qu'il ne s'accommode guère à ses bruyantes allures. Les nuances du langage n'étaient pas de trop en effet pour définir cette variété de mouvements qui s'enchevêtrent et se greffent les uns sur les autres sans commencement ni fin ; les sonneries, pourtant nombreuses, n'y auraient pas suffi. Quand les évolutions se multiplient, les commandements se compliquent et s'allongent, les ordres se font légendes ; on les récite comme des tirades, ou plutôt on les chante, car l'intonation devient un art dans l'art des manœuvres : et cela se met en musique, et cela se répercute en roulades et en cascades, et cela n'en finit pas ! Pour peu qu'on lâchât la bride aux chevaux, je crois qu'ils partiraient tout seuls, et le mouvement serait achevé avant la fin de la cadence. Mais l'audition ? Au pas, quand la plaine est solitaire, l'herbe moëlleuse, le vent très-doux, et le chef bien doué, on perçoit parfois quelque chose, si l'on a l'ouïe fine : autrement, il y faut renoncer. On enfle sa voix, on tend l'oreille, mais personne n'est dupe de cette innocente comédie : ceux-ci ne chantent pas pour être entendus, ceux-là n'écoutent pas pour entendre; on convient à l'avance de la série de mouvements à exécuter, puis on part en criant, par acquit de conscience. L'ordonnance qui touche à tous les points délicats, sans appuyer, ne signale pas la nécessité de ce perpétuel sous-entendu ; mais elle prévoit, comme en passant, qu'un commandement peut ne pas arriver à destination; elle recommande alors aux fractions *de se régler les unes sur les autres*. C'est supposer bénévolement que *les unes ou les autres* ont saisi quelque chose ; mais alors même est-il si facile de se reconnaître entre tant de mouvements presque semblables , aussi peu amenés *les uns que les autres*, et dont la plupart font double, triple ou quadruple emploi ? Si le but n'était que d'exercer la sagacité des gens, ce qu'à Dieu ne plaise, il serait encore manqué, car rien ne les oriente vers la fantaisie qui peut traverser la pensée de leur chef. Ce n'est pas tout. Trente ou quarante bouches à feu sont en batterie devant l'ennemi : les intervalles moyens ont 30 mètres, le terrain est accidenté, la ligne irrégulière , le front couvre un kilomètre, l'action est vive, le tumulte étourdissant. Le chef veut replier ses pièces : que va-t-il faire ? Il se porte à 100^{m} en avant, se gonfle d'air et scande avec solennité *six* commandements ! C'est ainsi qu'on s'y prend au champ de manœuvre. De toutes les invraisemblances osées par la parade, je n'en sais pas de plus hardie ! Ce sont là, dit-on, procédés de démonstrations : il ne s'agit après tout que d'exercer les troupes. Soit; mais un jour vient où elles le sont assez : pourquoi ne pas parfaire leur instruction ? Pourquoi garder des lisières quand on sait marcher ? Le vrai motif, il me semble, c'est que nous sommes engagés dans un faux système : nous aimons sans mesure ces manœuvres voyantes, ces mouvements symétriques et tous ces festons agréables dont les infinies complications ne se prêtent plus à la pratique rationnelle et simple des signaux, seule possible à la guerre. Comme ces difficultés s'évanouissent, avec une ordonnance réduite à quelques manœuvres urgentes !

Les mouvements de la colonne serrée, peu nombreux et très-précis, excluent l'indécision. Plusieurs sont successifs; la contre-marche est déjà signalée par une sonnerie : une tête de colonne bien dirigée assurera la régularité des autres.

Le commandant est accompagné d'un trompette portant un fanion de couleurs tranchées ; une sonnerie suffit pour tous les déploiements : quel que soit celui qu'on prescrive, le trompette, toujours conduit par un adjudant, se porte sur le flanc de la colonne serrée, du côté des guides, à hauteur de la batterie de formation, sonne le déploiement, dirige la flamme du fanion vers la ligne à tracer ; et chacun est désormais fixé !

La ligne s'avançant déployée, les intervalles et les distances s'ouvrent à la sonnerie *en batterie :* le mouvement s'achève à la sonnerie *halte.*

Le feu est commencé, interrompu, repris aux sonneries en usage.

Les batteries peuvent être portées alternativement en avant ou en arrière, en conservant les distances et les intervalles de batterie ; les pièces sont remises alors sur avant-train, les caissons font demi-tour, s'il y a lieu ; le mouvement commence sans autres indications que la sonnerie du commandement, la *marche* ou la *retraite*, répétée dans toutes les batteries.

Pendant ces marches les voitures appuient à droite ou à gauche, au signal des sonneries réglementaires ; elles reviennent aussi sur elles-mêmes par des demi-tours : alors le trompette de chaque batterie, après avoir répété la sonnerie du commandement, la *retraite* ou la *marche*, sonne le *demi-tour* sur l'ordre du commandant de batterie. A la sonnerie *halte*, les pièces sont *toujours* remises en batterie pour faire feu suivant la direction primitive. On ne doit pas oublier que les circonstances qui réclament cette formation ne comportent pas des mouvements d'une grande durée, d'une grande amplitude, ni d'une grande vitesse. Il ne s'agit, en effet, pendant qu'on se bat, que de ces déplacements successifs et lents, qui suivent les progrès de l'action dans le sens où elle se dessine : on se conformera donc à la nature des choses au polygone, et l'on exécutera toutes ces marches au pas, en les coupant fréquemment par des mises en batterie. Je voudrais en définir avec quelques détails le mécanisme, ne fût-ce que pour prouver que les mêmes procédés peuvent donner à la fois des indications utiles à la guerre, et, sur le champ de manœuvre, la précision la plus rigoureuse dont, je le crains bien, notre tempérament, endurci par l'habitude, ne saurait plus se passer.

La batterie de direction est à chaque instant celle où marche le commandant supérieur, dont le *trompette porte-fanion* précède l'aile droite ou l'aile gauche de la batterie; il est guide de la ligne ; l'adjudant qui surveille tous ses mouvements marche derrière lui et assure la rectitude de sa direction et la régularité de son allure. La voiture qui le suit à 5 mètres est guide de sa section et de sa batterie ; le chef de la section s'aligne sur le chef de cette voiture et sur le conducteur de devant. Le second chef de section s'aligne sur le premier et sur la voiture guide de la batterie ; le 3e chef de section s'aligne sur les deux premiers, le 4e sur les deux qui le précèdent ; chaque chef de section, sauf le premier, maintient sa voiture-guide sur le même aligement que lui-même. Dans chaque section, la voiture opposée au guide s'aligne sur son chef de section et sur la voiture-guide. Toutes les voitures gardent leurs intervalles du côté du guide. Tous les chefs de section marchent suivant l'axe de leur section. Ainsi la position de chaque voiture est déterminée, à tout instant, par deux conditions, ni plus ni moins ; celle de chaque chef de section l'est par l'intersection de deux directions. L'alignement des deux voitures d'une même section est obtenue indépendamment des sections voisines : cette indépendance est nécessaire pour éviter les interminables fluctuations d'un grand front, à files ouvertes, dont tous les éléments s'alignent indéfiniment les uns sur les autres; enfin l'alignement d'ensemble est garanti par le concours direct des officiers qui relient entre elles toutes les fractions.

Pour faire marcher alignées plusieurs batteries, il faut renoncer à les relier directement les unes aux autres. L'adjudant de la batterie de direction se porte en avant de l'aile de la batterie opposée au côté du guide et marche en précédant cette voiture de 5 mètres. Les guides généraux de la ligne se règlent sur la base déterminée par celui-ci et par le porte-fanion du commandant. Toutes les batteries s'avancent ensemble, se conformant aux principes de la marche en bataille indiquée ci-dessus, mais indépendamment les unes des autres. Le chef de section de l'aile du côté du guide, dans chaque batterie, règle la vitesse de la voiture-guide et la sienne, de telle sorte que le front de la batterie se maintienne à 5 mètres environ de la ligne jalonnée ; les autres chefs de section ralentissent ou arrêtent leurs sections, dès que cette base et débordée. Le commandant de la batterie marche à hauteur des guides généraux, sur l'axe de la batterie dont le front doit le suivre à 5 mètres;

si le personnel de la batterie comporte un adjudant (batterie de huit pièces), celui-ci marche à l'aile opposée au côté du guide, également à hauteur des guides généraux. A défaut d'autres points de repaire, le chef de la section de l'aile du côté du guide doit toujours apercevoir d'un côté le *porte-fanion* et le guide général du côté opposé, en avant, mais très-peu, du front de la batterie.

S'agit-il de changer la direction de cette longue ligne de bataille par un mouvement conversant? Le trompette *porte-fanion* incline son fanion vers l'aile marchante et appuie cet ordre d'un refrain, le même par lequel il signale sa position lorsqu'il rentre dans la ligne pendant les feux, ou quand les accidents du terrain le dérobent trop longtemps ou trop souvent aux regards. Aussitôt le guide général du pivot ralentit notablement son allure; l'autre continue d'avancer en appuyant progressivement du côté du pivot; et les batteries, averties, se conforment au mouvement général : il dure tant que persiste le signal, il cesse dès que le fanion se redresse et que le refrain retentit.

Écartons maintenant des considérations si minutieuses; cette brillante fantasmagorie des parades s'est évanouie, la réalité se dresse à sa place : le sol s'accidente, la bataille est engagée, les distances, les intervalles sont perdus, l'alignement est illusoire, on s'avance tant bien que mal, mais comme on peut, dans le brouhaha d'une chaude affaire; que reste-il de toute cette géométrie? Trois guidons qui se détachent de la ligne confuse et se projettent en relief sur les fumées de l'horizon; trois guidons que la troupe connaît bien et qu'elle a l'habitude de suivre; trois guidons et quelques sonneries dont la très-sobre éloquence porte instantanément sur un front de mille mètres des ordres simples, clairs, peu nombreux, suffisants : marcher en avant, arrêter, reculer, pivoter sur une aile. Comme manœuvre d'ensemble sur un champ de bataille, n'est-ce pas là tout ce qu'il est raisonnablement permis d'exiger, et peut-être même un peu plus ? Mais de nos simulacres il resterait du moins quelque chose, et j'estime que ce peu serait beaucoup, si je compare.

A la sonnerie du ralliement, toutes les voitures dans chaque batterie serrent à leurs distances et à leurs intervalles. Si les pièces sont en batterie, la sonnerie doit être immédiatement précédée de la *marche* ou de la *retraite*, pour fixer la direction du mouvement. Quand le ralliement est sonné de nouveau, les batteries étant déjà reformées, leurs commandants respectifs les amènent au trot, par les mouvements les plus simples et le chemin le plus court, vers celle d'où le signal est parti. Dès qu'elles rejoignent la batterie de ralliement elles forment derrière celle-ci la colonne serrée dans l'ordre même où elles arrivent. A quoi bon supprimer les inversions, si l'on n'utilise pas cette liberté conquise sur la routine ?

En pays coupés et accidentés, le trompette *porte-fanion*, pour exécuter ces divers signaux, se détache de la ligne, se place en évidence, choisit un site saillant, un monticule, sans toutefois s'éloigner de la batterie où se tient le commandant supérieur ; il les appuie fréquemment de son refrain, afin de se faire reconnaître.

Il est donc possible de s'entendre avec des signaux. Que l'on conserve des commandements verbaux et verbeux, si on le juge convenable, pendant la période d'instruction progressive, alors que les troupes inexpérimentées apprennent des mouvements nouveaux, et n'ont pas encore acquis l'imperturbable aplomb qu'il faut finir par exiger d'elles.

Mais ces moyens d'étude auxiliaires doivent être rejetés au couronnement de l'instruction. La voix, aidée du geste, aidée surtout de l'intuition de la troupe rompue à des mouvements simples et clairement indiqués, peut suffire aux commandants de batterie ; mais son action efficace ne saurait s'étendre au delà. Il est urgent d'y renoncer. Quelques signaux (encore les souhaiterait-on très-rares), un avis du chef porté à propos sur un point, sa présence opportune sur un autre, suffiront toujours pour indiquer ses intentions même les moins prévues, si elles sont en harmonie avec les circonstances ; le bon sens de ses auxiliaires fera le reste.

Ah ! sans doute, des réformes tentées dans cet esprit sur l'instruction militaire en général troubleraient singulièrement de chères habitudes. On y perdrait ces grands effets d'une mise en scène étudiée, et ces commandements pompeux éclatant tout à coup au milieu d'un silence profond, répétés par cent échos, courant comme le tonnerre le long d'une ligne immobile, et portant à la fois jusqu'à ses extrémités les plus lointaines le mouvement et la vie. Une certaine lenteur parfois, un peu d'hésitation peut-être, plus souvent au contraire une précipitation excessive, mais à coup sûr je ne sais quoi d'irrégulier, de décousu et l'apparence même du désordre, à l'occasion : voilà ce qui étonnerait beaucoup les regards familiarisés avec nos majestueuses exhibitions militaires, qui font tressaillir d'aise la foule en liesse des champs de mars et des hippodromes. Mais ces sacrifices ne seraient pas sans compensation, car il faudrait bien compter aussi pour quelque chose les consciences satisfaites de voir enfin des hommes sérieux s'intéresser à un métier sérieusement pratiqué.

Nierai-je que ce mode de commandement exigerait,

chez tous, un tact spécial et une connaissance approfondie des manœuvres utiles? Je ne l'essaierai pas, car cela même ne me déplairait point. Pour être bon manœuvrier il faudrait donc enfin prouver plus de jugement que de poumons, plus de sagacité que d'oreille. Mais on reconnait les véritables progrès à ce signe certain qu'ils développent la sphère d'action des hommes *de bonne volonté*, en effaçant les supériorités de mauvais aloi dévolues aux aptitudes physiques. Les qualités plastiques ou sonores, dont tant de militaires se montrent infatués, sont malheureusement trop nécessaires dans le régime actuel de l'armée pour ne pas y être fêtées et flattées à l'excès ; on attriste et l'on décourage ainsi, sans y prendre garde, des hommes conciencieux qui, médiocrement doués de ces mérites contestables, se sentent avec amertume injustement éclipsés derrière des colosses et des stentors. La part énorme d'estime et de récompense prélevée par ces derniers sur le fonds commun, au préjudice des autres, pèse encore comme un tribut sans dignité sur les armées modernes ; ne serait-il pas heureux qu'on pût l'alléger ?

IV

On a souvent pressé l'autorité militaire de faire rédiger et réunir, dans un formulaire officiel, les principes de l'art de la guerre et leurs applications types, pour servir à l'instruction des troupes dans les camps. Par bonheur, l'autorité ne s'est jamais prêtée à ce projet. Un métier se constitue sur des règles minutieuses très-positives, qui courbent indifféremment tous les talents sous le même joug. Mais l'art, dans la généralité de ses préceptes, ménage à l'initiative personnelle de ses adeptes un rôle prépondérant. Après un temps donné, l'apprentissage d'un ciseleur est achevé ; un jour vient nécessairement où il connaît tous les tours de main de sa profession, car ils ne sont pas illimités. Si l'ouvrier veut être un artiste, on l'envoie étudier le dessin, contempler les modèles, comprendre et admirer les maîtres; après quoi l'inspiration lui viendra,... s'il plaît à Dieu ; mais on ne lui donne pas quelques patrons, autant de moules et plusieurs gabaris, pour débiter des chefs-d'œuvre à la journée. Pourquoi l'*art militaire* ferait-il exception? Il ne souffre pas qu'on l'enferme dans cinq ou six formules et un certain nombre de marches et de contremarches à pas comptés, conformes à des figures régulières, précises et invariables comme toutes les recettes. Instruire un soldat, un peloton, un bataillon même ou une batterie, c'est forger un outil de précision. Poser quelques règles d'une application constante pour mouvoir ensemble avec ordre, déployer ou replier plusieurs unités tactiques réunies, pour les engager ou les rallier, c'est apprendre à manier un instrument complexe et délicat, dont la pratique toutefois reste évidemment encore subordonnée à des principes rationnels très-positifs. Mais il faut s'en tenir là : le métier, c'est-à-dire l'*exercice*, ne va pas au delà. S'il enseigne l'usage technique du burin qui trace le trait, la figure échappe à ses lois. En y réfléchissant, on se rend bien compte de cette réserve imposée au règlement par la nature des choses. S'agit-il d'une seule unité, d'un bataillon isolé, par exemple, le nombre limité des combattants, l'espace restreint où s'étend leur action, excluent l'idée de combinaisons très-variées. Quelques dispositions simples, constamment reproduites, arrêtées une fois pour toutes, suffiront à conjurer un danger qui se présente avec le même aspect presque toujours, et sur tous les points à la fois d'une lutte tellement circonscrite que l'œil et la voix du chef la surveillent et la dirigent incessamment. Réglementer est alors aussi facile que nécessaire. Mais comme tout change dès que les bataillons engagés deviennent nombreux ! Pour chacun d'eux en particulier, l'affaire d'aujourd'hui ressemble à celle d'hier, et celle de demain rappellera fidèlement les deux autres; mais tous ensemble, opérant de concert, ne se retrouveront pas deux fois en dix ans dans des situations respectives identiques. La physionomie générale de l'engagement se modifie d'un instant à l'autre, et d'un point à un autre avec les circonstances locales. Deux éléments nouveaux, le temps et l'espace, avec tout ce qu'ils renferment d'imprévu, sont entrés désormais dans les calculs, et les événements se succèdent divers et rapides en échappant, la plupart du moins, au regard du chef trop imparfaitement informé pour parer toujours à propos aux incidents qu'on lui signale. Comment donc définir à l'avance les combinaisons innombrables qui peuvent surgir du choc de tant d'éléments confus, parmi lesquels il faut compter l'initiative individuelle laissée nécessairement aux subalternes dans la sphère d'action qu'ils embrassent personnellement? On voit d'un coup d'œil la limite que l'ordonnance ne doit pas franchir. Rigoureuse et précise jusqu'à l'école de bataillon, d'escadron ou de batterie inclusivement, elle bornera les évolutions à quelques indications claires, mais très-générales pour les mouvements des masses, les dispositions *préparatoires* de combat et la transmission des ordres. Le reste, c'est-à-dire les *opérations de guerre*, appartient à un ordre d'idées plus élevé , rebelle à l'autorité minutieuse d'un règlement , où la lettre toujours tue l'esprit. Et c'est encore une raison de se garder d'envahir, en ordonnançant à outrance, le domaine propre de l'art, c'est-à-dire celui de l'imprévu qui provoque l'inspiration personnelle, agissant à la seule lumière de quelques préceptes toujours très-vagues dans leurs généralités ! Des conseils, des exemples, des lectures, la méditation, les camps comme champs d'expérience, voilà les secours qu'il convient d'invoquer alors, si l'on veut préserver ces hautes régions des influences morbides de la routine.

Telles sont les réflexions qui se présentent naturellement à la pensée dès qu'on cherche à se rendre compte de l'objet des trois manœuvres qui terminent nos évolutions de batteries attelées, les feux en retraite et en avançant, les changements de front et les passages de défilés en avant ou en arrière. Le caractère spécial de ces manœuvres ne peut échapper à personne : elles tranchent sur les autres, elles ne les continuent pas. Tandis que les premières enseignent exclusivement des *dispositions préparatoires* de combat jusqu'à la mise en batterie inclusivement, les trois finales sont de véritables *opérations tactiques* à exécuter *pendant l'action, en combattant*. Et notons qu'ici aucune convenance de voisinage ne pèse sur nous ; nous ne pouvons invoquer la nécessité de nous conformer aux usages d'autres troupes agissant de concert avec nous. Il s'agit de dispositions que rien ne nous force à prendre, et nous en sommes dès lors responsables. Eh bien, elles constituent une infraction flagrante au principe développé ci-dessus, et elles n'auraient pas dû trouver place dans un règlement.

Elles y sont toutes indistinctement déplacées, mais elles

ne sont pas également vicieuses. Les feux en avançant et en retraite, les passages de défilés ne s'exécutent pas sur le champ de bataille comme au champ de manœuvre, cela est bien clair; cette précision et cette ponctualité qu'on exige ici, les uns ni les autres ne l'auront jamais là. Et pourtant ici et là les mouvements s'enchaînent suivant le même dessein; ce qui se dégage de ces manœuvres, c'est une notion juste et saine des convenances de la lutte, l'idée d'une sage prévoyance qu'on peut ériger et formuler en axiome. Il faut les condamner sans doute à titre de manœuvres *réglementées*, de par le principe qui n'accepte pas la manœuvre comme une *petite guerre*, mais en leur accordant le bénéfice des circonstances atténuantes. D'une tout autre essence sont les changements de front. Un feu en retraite, un passage de défilé contente l'esprit jusqu'à un certain point. Quiconque est témoin seulement une fois des évolutions de polygone, si correctes et si ajustées que l'on ne voit pas un poil déborder l'alignement, saisit pourtant aussitôt le mécanisme général de ces manœuvres proprettes, qui permet de couvrir par des feux *continus* une situation critique. Mais on ne s'explique plus un changement de front de 4 batteries, qui suspend subitement et à la fois le feu de 23 pièces sur 24, au milieu d'une crise des plus périlleuses. Si par impossible un tel mouvement était jamais nécessaire, il faudrait se garder de l'exécuter comme le prescrit le règlement qui viole à la page 381 le principe affirmé à la page 375. Un tel mouvement devrait être successif, tout l'indique, les précédents et la raison. Mais la raison dit plus : elle dit encore qu'il ne respecte même pas cette simple vraisemblance dont la plus fantasque des parades ne devrait jamais s'écarter ; elle crie aux plus novices que jamais l'ennemi qu'on a devant soi ne s'évanouira en quelques secondes pour surgir à côté, si bien qu'on puisse absolument désarmer sur son ancien front et continuer la lutte, presque sans transition, *à 90 degrés, ni plus ni moins*, vers sa droite ou sa gauche. Tout au plus arrivera-t-il à une batterie compromise, isolée, d'être ainsi surprise. Mais un semblable mouvement, s'il se prononce en grand, *durera toute une journée*, suivant pas à pas les progrès lents et successifs d'une aile victorieuse. Il se dessinera peu à peu, à petites étapes, marquées chacune par un engagement plus ou moins vif, suivi d'un nouveau pas en avant ou en arrière. Ainsi le changement de front du règlement est une manœure deux fois condamnable :

1° Telle qu'elle est conçue, car elle offense le bon sens et heurte les plus vulgaires notions de la guerre ;

2° Telle qu'elle est *exécutée*, car elle viole les principes les moins contestés d'une saine pratique. Voilà ce qu'il en coûte de vouloir faire, au champ de manœuvre, de la grande tactique par temps et mouvements. On comprend très-bien que la théorie ne peut nous apprendre tout ce qui se passe sur le champ de bataille, ni comme tout s'y passe ; mais on ne comprendrait plus du tout la nécessité qu'elle enseignât le contraire de ce qui s'y passe.

L'occasion de ce grand mouvement tournant, disons-nous, peut se présenter si l'on veut, par exemple, faire effort avec des masses d'artillerie sur une aile de l'ennemi, pour la déborder et la refouler vers l'autre : il s'exécute alors par une série de courtes conversions sncessives qu'on règle sur le degré de résistance opposée par l'ennemi. Ainsi l'on conçoit que dans la pratique de la guerre la nécessité peut surgir de porter progressivement une aile en avant, *sans arrêter le feu*. La théorie donne-t-elle le moyen de modérer à volonté cette opération ? Pas le moins du monde[1] : et en cela elle est évidemment incomplète ; car s'il lui est interdit de jouer à la *bataille*, elle doit, sous peine de manquer son but, assurer par tous les procédés possibles la transmission des ordres et leur exécution, en préparant un instrument maniable et docile. Ces procédés sont naturellement ceux dont il a été déjà parlé. On est en batterie, et l'on veut porter une aile en avant. Le trompette *porte-fanion* abaisse son fanion vers l'aile à mobiliser en le cachant à l'autre, et appuie cet ordre du refrain. A la vue du signal le guide de la ligne se porte rapidement devant lui et ne s'arrête que lorsque le fanion se redresse : la nouvelle ligne est tracée; la batterie extrême s'y porte aussitôt, les autres l'imitent successivement, chacune commençant son mouvement dès que le feu est repris par celle qui la précède. S'agit-il d'exécuter le feu en avançant ou en retraite, par division, le même signal appuyé de la sonnerie la *marche* ou la *retraite* indique le mouvement. A la sonnerie *halte* les guides généraux se portent à hauteur de la batterie où la présence du commandant supérieur est signalée : les autres rejoignent la ligne tracée par eux, et se remettent en batterie. Quant au feu en retraite ou en avançant, par batterie, il n'est plus particable dès qu'on opère avec quatre batteries. Pour peu qu'on déborde toujours de 300 mètres, et qu'on suive ou qu'on arrête l'ennemi à cette même distance, les deux batteries les plus éloignées tirent dans des conditions trop inférieures. Des mouvements en échiquiers semblent préférables. Il est vrai qu'à six ou huit

[1] Le paragraphe 520 du règlement ne donne pas ce moyen : il recommande précisément ce qu'on doit faire quand on n'a aucun moyen de donner des ordres intelligibles, faire soi-même. D'ailleurs que vaut un procédé qui ne repose que sur l'alignement, à la guerre où l'on ne peut plus s'aligner? Enfin il défigure le mouvement, en le prescrivant simultané.

cents mètres le tir est encore assez tendu pour être inquiétant à trois ou quatre cents ; mais il n'est pas plus difficile de surveiller deux pièces qu'une seule, dans chaque fraction de la seconde ligne tirant par les trouées de la première. Au surplus la théorie n'a pas à réglementer ces opérations : il suffit d'en indiquer sommairement les principes ; puis on laisse au discernement de chacun le soin d'en faire le choix et l'application recommandés par les circonstances. Je n'insiste pas davantage sur les combinaisons de signaux les plus propres à prescrire les mouvements préférés. J'en ai dit assez, je pense, pour prouver que, très-peu nombreuses, elles sont assez intelligibles, dès qu'on réduit les manœuvres à leur plus simple expression. Quand on le voudra sincèrement, on s'entendra sans vocaliser.

Mon but est donc atteint, et je pourrais terminer ici ces observations, qui m'ont entraîné plus loin que je ne m'y attendais, si je me souciais moins des opinions d'autrui. Aux yeux de quelques juges sévères, en effet, on est inexcusable d'oser aborder des considérations d'un certain ordre sans pouvoir appuyer ses avis de l'autorité d'une grande situation personnelle. D'autres, plus tolérants, se contentent encore d'une exposition de principes émaillée de citations et d'exemples historiques. Mais personne n'admet qu'en matière militaire la raison toute seule parle sans déraisonner, et le bon sens lui-même, avant de discourir, doit montrer ses chevrons. Or je suis bien obligé d'avouer que je n'ai pas trouvé de précédents pour ma thèse : on rencontre partout, sur les opérations de l'infanterie et de la cavalerie, depuis 60 ans, les détails les plus circonstanciés ; on sait dans quel ordre, à telle affaire, une division aborda l'ennemi, dans quelle formation ou par quelle manœuvre cataloguée elle l'attendit ou le déborda tel autre jour ; mais les mémoires du temps ne nous apprennent rien de semblable sur l'artillerie. J'ai connu des officiers qui s'autorisaient de ce silence pour nier la possibilité comme l'utilité des grandes manœuvres tactiques appliquées à leur arme ; et l'impression définitive qui résultait pour eux des guerres récentes auxquelles ils avaient pu prendre part était celle-ci : chaque batterie, en arrivant sur le terrain, est livrée aux propres inspirations de son chef, et agit isolément; l'action du commandement supérieur cesse d'être efficace pendant le combat. S'il en était ainsi, quelle que fût la profusion des pièces disséminées sur le champ de bataille, le corps de l'artillerie, comme corps combattant, perdrait singulièrement de son importance, et les ambitions qu'il affiche seraient fort déplacées, car, au feu, la direction de l'artillerie, à ce point amoindrie et morcelée, passerait d'emblée aux commandants de division et de brigade, et l'on ne trouverait plus l'emploi motivé des officiers généraux et supérieurs de l'arme en dehors des établissements de l'intérieur et des parcs. Pourtant, où les principes les plus universellement admis ne sont que décevantes formules, ou bien il faut croire que l'effet matériel et moral des feux est décuplé par leur concentration qui suppose nécessairement l'impulsion énergique et *une* du commandement, et l'application qu'on en fit sous l'empire, prématurément peut-être, mais avec un éclatant succès, dans quelques circonstances mémorables, devrait éclairer tout le monde sur la possibilité comme sur la convenance de ces vastes opérations. Mais les incrédules ne sont point embarrassés par ces souvenirs : nulle méthode, aucun esprit de calcul n'a présidé, selon eux, à la pratique accidentelle des puissantes batteries de Napoléon, qui se sont formées comme au hasard, par l'adjonction successive et fortuite des unités les unes aux autres, sans ordre précis ni dessein préalable bien arrêté. Admettons, quelque invraisemblable qu'elle paraisse, cette singulière hypothèse du hasard tacticien : un point demeure acquis, ces rassemblements d'artillerie sont réalisables ; ils peuvent donc être obtenus plus ou moins promptement, et plus ou moins facilement maniés. Alors pourquoi ne pas rechercher les moyens propres à les faire réussir, afin de régulariser ces procédés sûrs et commodes, étudiés à loisir ? Mais disons ici toute notre pensée : à Wagram, à Friedland, à la Moscowa, à Lutzen, ce ne fut point le hasard qui réunit, mit en ligne et dirigea ces masses d'artillerie d'où s'élança la victoire un instant indécise ; il a bien fallu évoluer, exécuter des mouvements, et j'ajoute des mouvements combinés et calculés, car le hasard n'a jamais amené que lenteur et confusion dans la conduite des troupes. Si les traces de ces premiers efforts se sont effacées avec le temps, c'est probablement parce que de telles manœuvres, inspirées par le génie guerrier de l'époque et conçues pendant l'action, étaient encore rares et nouvelles, peut-être même en avance sur l'état matériel de l'arme. L'empire, qui tant innova, ne nous a pas laissé de *règlements élaborés;* ceux-ci sont plutôt l'œuvre des périodes paisibles qui succèdent aux grandes luttes : faut-il donc s'étonner alors que quelques-unes de ses traditions se soient perdues ?

Je suis plus à l'aise en réclamant l'usage de l'artillerie à intervalles serrés, qui éveillera peut-être aussi les scrupules des hommes d'expérience. L'idée n'en n'est pas neuve; le général prussien *Monhaupt* la recommande comme le meilleur moyen de masquer ou de dissimuler la présence des canons, dans une série de manœuvres savantes où il s'efforce de combiner l'action de la cavalerie et de l'artillerie associées comme les éléments intégrants d'une machine de guerre complète. Le même procédé est loué par le traducteur de la brochure prussienne, le général *Pérétsdorf*, autre vétéran des guerres de l'empire, qui fut chef d'état-major de l'armée d'Italie en 1814. Tromper l'ennemi sur la nature et l'importance des forces qu'on veut lui opposer était aussi la préoccupation constante du roi de Prusse et du feld-maréchal Blücher en 1813; et, dans ce but, ils prescrivaient aux généraux de serrer le plus possible les intervalles de l'artillerie, en bouchant avec des cavaliers les trouées inévitables qui auraient pu trahir son incognito.

Encore un mot, le dernier cette fois : quiconque possédant l'ouvrage du général Renard jettera par hasard les yeux sur cette note, y reconnaîtra, je le souhaite, l'inspiration du savant officier belge. J'ai voulu faire passer dans nos usages *particuliers* les principes qu'il expose avec une grande force et une séduisante clarté. Entre la formation prussienne dite *le rendez-vous*, par exemple, et celle de l'artillerie *massée* considérée comme point de départ de toutes les autres, la filiation est évidente. Quant à ceux dont la patriotique indifférence repousse systématiquement les leçons de *l'étranger*, je n'ai pas la prétention de les convertir, tout seul[1], à mon opinion ; qu'ils lisent le livre attachant dont l'analyse est tout à la fois le début, le prétexte et l'intérêt de cette note, et je leur promets une surprise et un conseil. La surprise? Ils découvriront avec quelque émoi que tout n'est pas pour le mieux dans la meilleure des armées de leurs rêves ; le conseil, c'est de bien cacher leur naïf étonnement qui pourrait fâcher quelques-uns et ferait sourire les autres.

[1] Voir la note de la page 5.

Paris.—Imprimé chez Jules Bonaventure, 55, quai des Grands-Augustins.

www.ingramcontent.com/pod-product-compliance
Ingram Content Group UK Ltd.
Pitfield, Milton Keynes, MK11 3LW, UK
UKHW020214200726
13856UKWH00004B/1380